Yvette E. Hofmann

30 Minuten für

erfolgreiches
Projektmanagement

W0084904

Bibliografische Information Der Deutschen Bibliothek

Die Deutsche Bibliothek verzeichnet diese Publikation in der Deutschen Nationalbibliografie; detaillierte bibliografische Daten sind im Internet über http://dnb.ddb.de abrufbar.

Wird empfohlen von

Copyright © 2007 N24 GmbH
(MM MerchandisingMedia GmbH)

Umschlag und Layout: die imprimatur, Hainburg
Lektorat: Diethild Bansleben, Hanau/Leipzig
Satz: Zerosoft, Timisoara (Rumänien)
Druck und Verarbeitung: Salzland Druck, Staßfurt

© 2007 GABAL Verlag GmbH, Offenbach

Hinweis:
Das Buch ist sorgfältig erarbeitet worden. Dennoch erfolgen alle Angaben ohne Gewähr. Weder Autor noch Verlag können für eventuelle Nachteile oder Schäden, die aus den im Buch gemachten Hinweisen resultieren, eine Haftung übernehmen.

Printed in Germany

ISBN: 978-3-89749-717-7

In 30 Minuten wissen Sie mehr!

Dieses Buch ist so konzipiert, dass Sie in kurzer Zeit prägnante und fundierte Informationen aufnehmen können. Mithilfe eines Leitsystems werden Sie durch das Buch geführt. Es erlaubt Ihnen, innerhalb Ihres persönlichen Zeitkontingents (von 10 bis 30 Minuten) das Wesentliche zu erfassen.

Kurze Lesezeit

In 30 Minuten können Sie das ganze Buch lesen. Wenn Sie weniger Zeit haben, lesen Sie gezielt nur die Stellen, die für Sie wichtige Informationen beinhalten.

- Alle wichtigen Informationen sind blau gedruckt.

- Schlüsselfragen mit Seitenverweisen zu Beginn eines jeden Kapitels erlauben eine schnelle Orientierung: Sie blättern direkt auf die Seite, die Ihre Wissenslücke schließt.

- *Zahlreiche Zusammenfassungen innerhalb der Kapitel erlauben das schnelle Querlesen. Sie sind blau gedruckt und zusätzlich durch ein Uhrsymbol gekennzeichnet, sodass sie leicht zu finden sind.*

- Ein Register erleichtert das Nachschlagen.

Inhalt

Vorwort

In Zeiten globaler Märkte und gesellschaftlichen Wandels ist es für Unternehmen unerlässlich, auf sich ändernde Rahmenbedingungen und Anforderungen schnell und flexibel zu reagieren. Es gilt, eine wachsende Vielfalt an Aufgabenstellungen effizient und effektiv zu bearbeiten. Dies erfordert eine zunehmende Konzentration auf Kernprozesse und das Denken in Prozessstrukturen. Folglich tritt die rein funktionsorientierte Linienorganisation in den Hintergrund. Sie wird durch die flexible, zeitlich befristete Projektorganisation ergänzt, oftmals auch ersetzt.

Voraussetzung für den erfolgreichen Projektverlauf ist ein zielorientiertes Projektmanagement, welches neben der Planung und Organisation auch die Überwachung und Steuerung des Projektgeschehens umfasst. Dieses Buch soll Sie in die Lage versetzen, sich in kurzer Zeit einen Überblick zu verschaffen,

- … wie sich Projekt- von Arbeitsgruppen abgrenzen.
- … welche Chancen und Risiken mit Projektmanagement verbunden sind.
- … wie Projekte organisiert werden.
- … wie die Abstimmung zwischen Projektleitung und Linienvorgesetzten vereinfacht werden kann.
- … wie Sie ein eindeutiges Projektziel definieren.
- … wodurch eine effiziente Projektplanung gekennzeichnet ist.
- … wie Sie Projekte sinnvoll strukturieren.
- … wie sie den Überblick behalten.
- … wie Projektkosten, -zeit und -qualität miteinander in Beziehung stehen.

- … wie aus einer Projektgruppe ein leistungsstarkes Projektteam wird.
- … wie sie Ihr Projektteam und sich selbst motivieren können.
- … welche Faktoren den Erfolg eines Projekts wesentlich beeinflussen.

Ich wünsche Ihnen viel Spaß beim Lesen dieser Lektüre und hoffe, dass Sie Anregungen für eine zielorientierte und erfolgreiche Gestaltung Ihres Projektalltags finden.

Dr. Yvette E. Hofmann
www.coperma.de

1. Projektmanagement
– Was ist das?

Wissen Sie, wodurch sich
Projekte von Arbeitsgruppen
unterscheiden?

Seite 9

Kennen Sie die
Grundgedanken des
Projektmanagements?

Seite 12

Sind Sie sich der Chancen
und Risiken der
Projektarbeit bewusst?

Seite 16

Projekte sind in aller Regel auf die Erarbeitung fachübergreifender, strategisch hochwirksamer Lösungskonzepte ausgerichtet. Nicht zuletzt deshalb erfreut sich
Projektmanagement als Organisationsform in privat-
wirtschaftlichen wie öffentlichen Unternehmen zuneh-
mender Beliebtheit, bietet es doch ein hervorragendes
Instrumentarium, um anvisierte Ziele effizient zu erreichen. Diese positive Entwicklung wird jedoch mancher-
orts dadurch karikiert, dass eine regelrechte „Projekti-
tis" ausgebrochen zu sein scheint und alle Arbeiten nur
noch in Projekten verrichtet werden (dürfen), selbst
wenn es sich dabei um das „normale" Tagesgeschäft (wie
z.B. die Bearbeitung von Personalakten) handelt. Diese
Entwicklung ist insofern bedauerlich, als die Vorteile des
Projektmanagements nur dann in vollem Ausmaß zum
Tragen kommen, wenn der ursprünglichen Philosophie
des Projektmanagements Rechnung getragen wird: Ein
Potpourri an aufeinander abgestimmten und ineinander
greifenden Instrumenten zu liefern, welche primär auf
die Vorbereitung, Durchführung und Nachbereitung
spezifischer Tätigkeiten gerichtet sind, und nicht auf die
Steuerung von Routinetätigkeiten!

1.1   Was sich hinter dem Begriff Pro-
jektmanagement verbirgt

Was ist ein Projekt?
Neben einer projektspezifischen Organisation (siehe
Kapitel 2, Seite 20) lassen sich Projekte von Arbeitsgruppen dadurch abgrenzen, dass der Gegenstandsbereich neuartig, komplex und meist auch einmalig ist.

Somit dient Projektmanagement nicht zur Organisation des Tagesgeschäfts oder von Routinetätigkeiten, sondern zur Abwicklung innovativer Aufgaben (Beispiele für derartige Aufgabenstellungen sind Forschungsprojekte, Reorganisations- oder Bauprojekte). Projektarbeit stellt einen Prozess dar, in dessen Verlauf sich die Projektgruppe schrittweise mit dem neuartigen Projektauftrag vertraut macht und nach Wegen sucht, diesen zu erfüllen.

Darüber hinaus zeichnen sich Projekte durch eine zeitliche Befristung der Zusammenarbeit zwischen den Projektmitgliedern aus. Es handelt sich dann um ein Projekt, wenn ein eindeutig definierter Anfangs- und Endzeitpunkt vorliegen. Eine zeitliche Befristung ist aus folgenden Gründen von großer Relevanz:

- Zum einen bedeutet die Einrichtung eines Projekts immer auch eine Ressourcenbindung (z.B. von Personalressourcen). Informationen darüber, wie lange diese Ressourcen gebunden bleiben, sind wichtige Informationen für die Projekt- wie auch die Unternehmensleitung.

- Darüber hinaus bedeutet Projektarbeit für die Projektmitglieder in aller Regel eine Doppelbelastung, da nur selten eine 100-prozentige Freistellung vom sonstigen Aufgabengebiet erfolgt. Daher ist es für Projektleitung wie -mitglieder nicht zuletzt aus Motivationsgesichtspunkten wichtig zu wissen, wie lange die projektbedingte Doppelbelastung voraussichtlich anhält.

- Schließlich können einige Instrumente des Projektmanagements (insbesondere die Netzplantechnik) nur dann sinnvoll angewendet werden, wenn das Projektende terminiert ist.

Ein weiteres Kennzeichen von Projekten ist die Existenz einer klaren inhaltlichen Zielsetzung. Diese Forderung erscheint schlüssig und einleuchtend. In der Praxis zeigt sich aber immer wieder, dass die Projektarbeit gerade deshalb erschwert ist, weil kein eindeutiges Ziel formuliert wurde (wie Sie Ihr Projektziel auf Eindeutigkeit prüfen können, erfahren Sie in Kapitel 3.3., S. 38).

Das sind zentrale Kennzeichen von Projekten:
- *Innovative, neuartige bzw. einmalige Aufgabenstellung.*
- *Komplexe Aufgabenstellung.*
- *Iterativer Prozess der Zielerreichung.*
- *Klar definierter Anfangs- und Endzeitpunkt.*
- *Eindeutige inhaltliche Zielsetzung.*

Checkliste Projektcharakteristika
Überprüfen Sie, ob Ihr Projekt wirklich ein Projekt ist!

	Ja
Projektspezifische Organisation?	❑
Klar definierter Anfangs- und Endzeitpunkt?	❑
Komplexe Aufgabenstellung?	❑
Neuartigkeit, Einmaligkeit der Aufgabenstellung?	❑
Eindeutige inhaltliche Zielsetzung?	❑

Wenn Sie mindestens drei Fragen mit „Ja" beantwortet haben, können Sie Ihr Vorhaben durch den Einsatz der Methoden des Projektmanagements sinnvoll unterstützen.

Was ist Management?

Hinter dem Begriff „Management" verbirgt sich die gesamte Bandbreite betriebswirtschaftlicher Instrumentarien. Somit beinhaltet der Managementprozess neben der Planung, Organisation und Durchführung auch die Kontrolle und führt über den Einsatz von Menschen zur Formulierung und Erreichung von Zielen.

*Projektmanagement ist ein Konzept für die Führung von und mit Projekten und umfasst „die Gesamtheit von Führungsaufgaben, -organisation, -techniken und -mitteln für die Abwicklung eines Projekts".
(Quelle: DIN-Norm 69901, Ausgabe 1987-08).*

1.2 Grundgedanken des Projektmanagements

Grundsätzlich gilt: Die Gestalt des Projektmanagements richtet sich nach dem Projektumfang: Während es in Ein-Mann-Projekten oftmals ausreicht, den Projektablauf mit Hilfe einer To-Do-Liste und der konsequenten Nutzung eines Kalenders (Kalendertechnik) zu planen und zu steuern, erfordern größere Projekte meist den Einsatz aufwändiger Projektmanagementmethoden (wie z.B. die Netzplantechnik).

Im Hinblick auf die erfolgreiche Projektzielerreichung spielt es hingegen keine große Rolle, ob ein Projekt von einer Einzelperson durchgeführt wird oder ob mehrere hundert Personen daran beteiligt sind (wie beispielsweise bei einem internationalen Raumfahrtprojekt). Allen Projekten gemeinsam ist: Das Projektmanagement muss stimmig sein. Dieses basiert auf folgenden Grundgedanken:

Projektmanagement als ganzheitliches Führungskonzept
Erfolgreiches Projektmanagement fußt auf einer ganzheitlichen Betrachtungsweise des Projektgegenstands. Der Blick der Projektleitung richtet sich nicht nur auf die Planung, Kontrolle (beispielsweise im Rahmen der Statuserfassung) und Organisation, sondern auf die gesamte Projektdurchführung. Somit steht nicht nur die Sachebene im Zentrum der Betrachtung, auch soziale Aspekte finden Berücksichtigung (z.B. durch ein entsprechendes Motivations- und Konfliktmanagement, durch Teamentwicklung, etc.). So wird die Frage nach den Auswirkungen des Projekts bzw. der Projektarbeit sowohl nach innen (also bezogen auf die Projektmitglieder) als auch nach außen (also bezogen auf die von den Projektergebnissen unmittelbar betroffenen Unternehmensmitglieder) gestellt. Daher ist der Projekterfolg langfristig meist umso wirksamer, je mehr die Projektgruppe und der Projektgegenstand innerhalb des Unternehmens akzeptiert werden. Akzeptanz zu schaffen, stellt deshalb einen expliziten Bestandteil des Projektmanagements dar. Das bedeutet: Nicht nur innerhalb der Projektgruppe, sondern auch innerhalb des Unternehmens sollte Vertrauen in die Projektarbeit bestehen bzw. aufgebaut werden. Der Schlüssel hierzu ist in aller Regel eine intensive Information und Kommunikation zwischen der Projektgruppe und den übrigen Unternehmensmitgliedern

(z.B. über vierteljährliche Projekt-Newsletter, Mitarbeiterworkshops, und so weiter.). Zudem soll die Eigenverantwortlichkeit der Projektmitglieder gestärkt werden. Dies wird durch dezentrale Entscheidungsstrukturen und einen partizipativen Führungsstil unterstützt. Indem die Projektmitglieder von der Projektleitung an der Entscheidungsvorbereitung und -findung aktiv beteiligt werden, erhalten sie einen entsprechenden Entscheidungsspielraum. Des Weiteren spielt das systematische Durchleuchten und Durchdringen der Projektaufgabe im Rahmen der Planung eine wesentliche Rolle. Ähnliches gilt für eine kontinuierliche Statuserfassung sowie eine Ursachenanalyse der (bisher) erreichten (Teil-)Ergebnisse.

 Eckpfeiler eines erfolgreichen Projektmanagements:

- *Integrierende, ganzheitliche Betrachtungsweise.*
- *Systematisches Durchleuchten und Durchdringen der Projektaufgabe im Rahmen der Planung, um eine eindeutige Zieldefinition zu finden bzw. zu formulieren.*
- *Kontinuierliche Statuserfassung mit anschließender Reflexion (⇔ Ursachenanalyse).*
- *Konsequentes bereichs- respektive abteilungsübergreifendes, ggf. interdisziplinäres Denken.*
- *Flexibilität gegenüber Veränderungen in den Rahmenbedingungen.*
- *Akzeptanzschaffung für projektbedingte Veränderungen innerhalb des Unternehmens.*
- *Stärkung der Eigenverantwortung der Projektmitglieder (⇔ Dezentralisierung der Entscheidungen).*

Checkliste Ganzheitliches Projektmanagement			
Überprüfen Sie, ob Sie in Ihrem Projekt einen ganzheitlichen Ansatz verfolgen!	Ja	Teilweise	Nein
Sachebene			
Projektspezifische Organisation?	❑	❑	❑
Benennung von Prozess- bzw. Aufgabenverantwortlichen?	❑	❑	❑
Strukturiertes Vorgehen?	❑	❑	❑
Systematische Planung?	❑	❑	❑
Kontinuierliche Statuserfassung?	❑	❑	❑
Konsequente Ursachenanalyse?	❑	❑	❑
Gezielter Einsatz von Methoden des PM?	❑	❑	❑
Umfassendes Informationsmanagement?	❑	❑	❑
Soziale Ebene			
Akzeptanzschaffung für die Projektarbeit?	❑	❑	❑
Vertrauensbildung bei den vom Projekt betroffenen Kollegen?	❑	❑	❑
Aktive Einbindung der Betroffenen in das Projektgeschehen (⇔ Betroffene zu Beteiligten machen)?	❑	❑	❑
Partizipativer Führungsstil?	❑	❑	❑
Stärkung der Eigenverantwortlichkeit?	❑	❑	❑
Förderung der Motivation der Projektmitglieder?	❑	❑	❑

Ganzheitliches Projektmanagement bedeutet: Öffnen Sie den Blick – weg von einer rein sachorientierten, hin zu einer integrierenden Betrachtungsweise.

1.3 Vor- und Nachteile von Projektarbeit

Indem Projektmanagement eine systematische Planung und kontinuierliche Statuserfassung voraussetzt, können etwaige Probleme frühzeitig identifiziert und passende Gegensteuerungsmaßnahmen eingeleitet werden. Die flexible Projektorganisation ermöglicht es darüberhinaus, sich nicht nur schnell an Änderungen der Projektumwelt anzupassen, sondern auf diese in angemessener Weise zu reagieren. Zudem wirken der für ein Projekt charakteristische Führungsansatz sowie der hohe Grad an Entscheidungsdelegation erheblich motivierend.

Warum Projektmanagement sinnvoll ist:
- *Das bereichsübergreifende, ggf. interdisziplinäre Denken wird gefördert.*
- *Durch eine konsequente Planung reduziert sich das Risiko des Scheiterns.*
- *Nicht realisierbare Entwicklungsschritte können rechtzeitig identifiziert werden.*
- *Problem- und Konfliktfelder können frühzeitig erkannt und mit Gegensteuerungsmaßnahmen entschärft werden.*
- *Eine flexible Projektorganisation steigert die Reaktionsfähigkeit auf Veränderungen der Projekt- und/oder Unternehmensumwelt.*

- *Eine schnelle Reaktion auf Umweltänderungen erhöht die Kundennähe, wodurch die Serviceleistung des Unternehmens verbessert werden kann.*
- *Die projektspezifische Organisation ermöglicht es, innovative Konzepte bzw. Lösungen im kleinen Rahmen prototypisch zu realisieren, deren Eignung zu testen und diese erst nach erfolgreichem Testlauf als Standards zu übernehmen.*
- *Entscheidungen werden dezentral und somit problem- und zeitnah getroffen.*
- *Die damit verbundene Verantwortungsdelegation fördert das Verantwortungsbewusstsein, die Motivation und das Engagement der Projektmitglieder.*
- *Eine gemeinsame Lösungserarbeitung fördert die Motivation der Projektmitglieder und die Akzeptanz der Projektergebnisse und zwar sowohl von Seiten der Projekt- als auch der (übrigen) Unternehmensmitglieder.*

Potenzielle „Stolpersteine" im Projektalltag

Projektarbeit – in angemessener Weise durchgeführt – birgt viele Vorteile. So können komplexe, neuartige Aufgabenstellungen geordnet, zielorientiert und systematisch angegangen und gelöst werden.

Dennoch kommt es in der Praxis immer wieder vor, dass Projekte zwar initiiert, jedoch nur wenig erfolgreich geführt und zum Abschluss gebracht werden. Ursachen für dieses Phänomen gibt es viele. Allen voran kann beobachtet werden, dass eine unklare Zieldefinition und eine – häufig daraus resultierende – uneindeutige Aufgabenverteilung dazu führen, dass notwendige Tätigkeiten nicht oder in unzureichender Weise erledigt werden. Eine unklare Aufgabenverteilung lässt den Koordinationsaufwand der Projektleitung häufig unnötig ansteigen. Dadurch sind Projektmitglieder oftmals orientierungslos („Was genau wird eigentlich von mir erwartet?", „An wen kann ich mich denn jetzt wenden?", „Wer ist eigentlich für XY zuständig?", etc.). Folge davon können Verunsicherung und Demotivation sein („Hier weiß doch die linke Hand nicht, was die rechte tut …!"). Derartige Effekte verschlimmern sich noch, wenn es zwischen den Linienvorgesetzten und der Projektleitung zu Unstimmigkeiten oder Streitereien hinsichtlich der Zuständigkeiten kommt (zu Tipps für eine Abstimmung zwischen Linie und Projektleitung siehe Kapitel 2.2, S. 25).

Ein häufig unterschätztes Risiko besteht auch in der mangelnden Akzeptanz der Projektarbeit außerhalb der Projektgruppe, insbesondere bei Reorganisationsprojekten. Daher sollte die Projektleitung dafür Sorge tragen, das Vertrauen derjenigen Menschen zu gewinnen, die von den Projektergebnissen betroffen sind. So können beispielsweise Betroffene zu Beteiligten gemacht werden, indem ein intensiver Informations- und Kommunikationsfluss gepflegt, kontinuierliche Rückkopplungsschleifen zwischen Projektgruppe und Unternehmensmitgliedern eingerichtet und Letztere ggf. an der Lösungserarbeitung beteiligt werden.

Problematisch ist auch, dass Projektmitglieder häufig gleichzeitig für mehrere, unter Umständen in Konflikt stehende Projekte und Tätigkeiten, zuständig sind. Die daraus resultierende Doppelbelastung führt nicht selten zu Frustration und ist außerdem ermüdend. Eine eindeutige Prioritätensetzung von Seiten der Linie sowie eine wenigstens zeitweise Freistellung in „heißen Phasen", z.B. kurz vor Abgabe eines Zwischenberichts, können den Druck abmildern.

Tipps für die Vermeidung potenztieller Stolperfallen erfolgreicher Projektarbeit:

Klare Zieldefinition ☑

Klare Aufgabenverteilung ☑

Einigung zwischen Linie und Projektleitung über Zuständigkeiten bzw. Entscheidungsbereiche ☑

Offene, transparente Informationspolitik innerhalb und außerhalb des Projekts ☑

(Teilweise) Freistellung der Projektmitglieder für die Projektarbeit ☑

Berücksichtigung sachlogischer und sozialer Komponenten der Projektsteuerung ☑

Erfolgreiche Projektarbeit hängt stark von einer guten Projektleitung ab. Um im Ernstfall schnell reagieren zu können, sollte sie sich frühzeitig mit etwaigen Risiken auseinandersetzen.

2. Wie Projekte organisiert werden

Sind Sie sich der Risiken einer „unechten" Projektleitung bewusst?

Seite 22

Wissen Sie, wie Sie Ihr Projekt zielführend organisieren können?

Seite 23

Kennen Sie Möglichkeiten zur Abstimmung zwischen Linienvorgesetzten und Projektleitung?

Seite 26

Was genau ist Projektmanagement? Es ist sowohl Leitungskonzept als auch Organisationskonzept. Während der erste Begriff beschreibt, dass die Projektleitung Methoden des Projektmanagements anwendet, kennzeichnet der zweite Begriff, dass Projektmanagement als eigener Aufgabenbereich eines Projekts organisiert werden kann. In beiden Fällen steht die Aufgabe im Vordergrund, durch den Einsatz adäquater Instrumente die vielen, sich teilweise gegenseitig beeinflussenden Projektelemente auf ein gemeinsames Ziel auszurichten. Für eine reibungslose Zielerreichung spielt die Projektorganisation eine zentrale Rolle: Durch sie wird frühzeitig festgelegt, welche Entscheidungssachverhalte von der Projektleitung entschieden werden (dürfen) und inwieweit die Projektleitung Weisungen „von oben" bzw. aus der Linie unterworfen ist.

2.1 Projektspezifische Organisationsvarianten

Komplexe Aufgabenstellungen, auf die Erarbeitung fachübergreifender, strategisch wirksamer Lösungen ausgerichtet, sind in konventioneller Arbeitsweise kaum zu bewältigen. Folglich tritt die rein funktionsorientierte, hierarchisch aufgebaute Linienorganisation in den Hintergrund. Sie sollte durch eine flexible, zeitlich befristete Projektorganisation ergänzt bzw. ersetzt werden. In der Unternehmenspraxis sind dabei zum Teil sehr unterschiedliche Ansätze zu beobachten.

Problematik einer „unechten" Projektleitung

Problematisch gestaltet sich die Projektarbeit vor allem dann, wenn keine oder keine „echte" Projektleitung besteht. Der erste Fall tritt dann auf, wenn zur Bearbeitung des Projektauftrags lediglich eine Arbeitsgruppe gebildet wird, die sich zwar bei Bedarf trifft, jedoch keinen Projektleiter (und häufig auch keinen festen Endzeitpunkt!) benennt. Folglich existiert keine offizielle Stelle, bei der alle Fäden zusammenlaufen und die dafür Sorge trägt, dass die einzelnen Arbeitsvorgänge koordiniert und aufeinander abgestimmt bearbeitet werden. Man spricht dann von einer institutionalisierten Selbstabstimmung auf Zeit.

Im zweiten Fall kommt es zwar zur Einrichtung einer Projektgruppe und zur Benennung eines Projektleiters. Da dieser jedoch nicht bzw. mit nur geringfügigen Entscheidungs- und Weisungsbefugnissen ausgestattet wird, gleicht die Projektorganisation eher einer Stabs-Linienorganisation. Daher kann die Projektleitung zwar Informationen sammeln, aufbereiten und weiterleiten, aber sie ist weder in der Lage, die Richtung der Projektarbeit vorzugeben, noch kann sie Leistungen der einzelnen Projektmitglieder einfordern oder erforderlichenfalls sanktionieren. Bei einer derartigen Konstellation geht die Entscheidungsgewalt von der Linie aus, der Projektleitung kommt faktisch nur die Rolle eines Koordinators und nicht die eines Leiters zu.

 Organisationsformen mit einer „unechten" Projektleitung erschweren das Projektmanagement. Hierfür lassen sich zahlreiche Gründe benennen:

- *Der Projektleiter befindet sich in der Stellung eines bloßen Koordinators und nicht in der eines Leiters mit Entscheidungs- und Weisungsbefugnissen.*
- *Der Projektleiter ist somit allein auf die Kooperationsbereitschaft der Projektgruppe angewiesen. Entsprechend aufwändig bzw. lückenhaft gestaltet sich meist der Informationsfluss zwischen Projektleiter und Projektmitgliedern.*
- *Die Termin- und Kostenplanung ist erschwert und hängt von der Bereitschaft der Projektmitglieder ab, korrekte Informationen zeitnah an die Projektleitung weiterzuleiten.*
- *Das Nicht-Einhalten von Absprachen und (Termin-) Vereinbarungen durch Projektmitglieder ist durch den Projektleiter nicht sanktionierbar.*

Einrichtung einer handlungsfähigen Projektleitung

Die Nachteile einer „unechten" Projektleitung lassen sich vermeiden, wenn das Projekt mit einer so genannten Matrixorganisation versehen wird. Die Besonderheit dieser Organisationsform besteht darin, dass differenziert wird, welche Entscheidungen sich unmittelbar auf die Projektarbeit auswirken bzw. diese betreffen und welche in den Gegenstandsbereich der Linienfunktion der Projektmitglieder fallen. Entsprechend erhält die Projektleitung Weisungsbefugnisse und Richtlinienkompetenz für all diejenigen Entscheidungstatbestände, welche projektbezogen sind (wie beispielsweise die Festlegung von Sitzungs- oder Abgabeterminen, die Einteilung von Projektmitgliedern für projektspezifische Tätigkeitsbereiche, etc.), während den Linienvorgesetzten abteilungsbezogene bzw. funktionsorientierte Anweisungen obliegen.

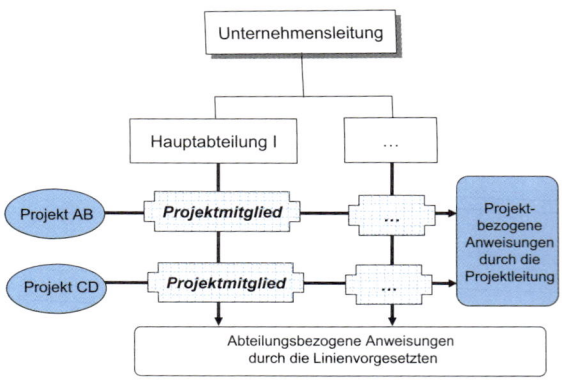

Anmerkung: Die Abstimmung zwischen Linie und Projektleitung entfällt, wenn es sich um sogenannte autarke Projekte handelt. Derartige Projekte sind aus der Linie herausgelöst und agieren als eigenständige Organisationseinheit. In aller Regel sind die darin eingebundenen Projektmitglieder einzig mit der Projektarbeit betraut; Linientätigkeiten und sich daraus ergebende Abhängigkeiten oder Abstimmungsschwierigkeiten bestehen daher eher selten.

Die Ausstattung der Projektleitung mit weitgreifenden Entscheidungs- und Weisungsbefugnissen hinsichtlich projektbezogener Sachverhalte ist die beste Voraussetzung für einen effizienten Projektverlauf.
Macht- und/oder Zuständigkeitskonflikte zwischen Projektleitung und Linienvorgesetzten gefährden den Erfolg eines Projekts. Streben Sie daher frühzeitig, am besten zu Projektbeginn, eine Einigung hinsichtlich projekt- und abteilungsbezogener Entscheidungstatbestände an.

2.2 Die Entscheidungs- und Weisungsbefugnisse der Projektleitung

In den meisten Fällen stellt sich die Matrixorganisation als ausgesprochen sinnvolle Variante der Projektorganisation dar. Zum einen wird die Projektleitung in die Lage versetzt, selbstständig und ohne permanente Rückkopplung mit der Unternehmens- oder Abteilungsleitung schnelle, problem- und zeitnahe Entscheidungen zu treffen. Zum anderen erhält die Linie nach wie vor die Möglichkeit, steuernd einzugreifen, wenn das Tagesgeschäft bzw. der Abteilungserfolg unmittelbar durch die Projektarbeit beeinflusst sind. Kompetenzgerangel und unterschiedliche Prioritätensetzungen zwischen Projekt- und Linienorganisation sind nur zwei Beispiele für hinderliche Rahmenbedingungen. Um derartige Probleme zu umgehen, sollte zu Beginn des Projekts eine Einigung zwischen Linie und Projektleitung hinsichtlich der Aufgabenverteilung sowie der Entscheidungs- und Weisungsbefugnisse des jeweiligen Personenkreises herbei geführt werden.

Hierzu empfehlen sich folgende Festlegungen:
- Aufgabenverteilung
  ⇔ Wer macht was?
- Entscheidungs- und Weisungsbefugnisse
  ⇔ Wer entscheidet was?
- Verantwortlichkeiten der in die Projektarbeit involvierten Personen
  ⇔ Wer ist für was verantwortlich?

Tipps für die Abstimmung zwischen Linie und Projektleitung

Bei der Einigung hinsichtlich der Entscheidungsfelder hat sich folgende Aufteilung bewährt:

1. *Wie bzw. durch den Einsatz welcher Verfahren, Methoden oder Hilfsmittel ist der Projektauftrag definiert (z.B. durch den Einsatz von SAP R3, die Umstellung auf das Betriebssystem Linux)?*

   ⇔ Entscheidungsträger: Linienvorgesetzte, ggf. in Abstimmung mit der Projektleitung

2. *Was ist im Einzelnen zu erledigen (z.B. welche Aufgabeninhalte, Arbeitspakete, etc.)?*

   ⇔ Entscheidungsträger: Projektleitung

3. *Wann ist es zu erledigen (z.B. Festlegung von Terminen und zeitlichen Abfolgen)?*

   ⇔ Entscheidungsträger: Projektleitung

4. *Durch wen ist es zu erledigen (z.B. welche Mitarbeiter werden im Projekt eingesetzt)?*

   ⇔ Entscheidungsträger: Linienvorgesetzte, soweit möglich in Abstimmung mit der Projektleitung

5. *Wo wird es erledigt (z.B. Bestimmung eines Projektzimmers)?*

   ⇔ Entscheidungsträger: Linienvorgesetzte

Klären Sie zu Projektbeginn folgende Fragen:

- *Wer ist bei der Abwicklung Ihres Projekts wofür zuständig?*
- *Wer trägt bei Ihrem Projekt die Verantwortung?*
- *Wer hat bei Ihrem Projekt welche Entscheidungs- und Weisungsbefugnisse?*
- *Wem sind die Projektmitglieder zugeordnet bzw. an wessen Weisungen sind sie gebunden?*
- *Welche Instanz kann im Konfliktfall zur Schlichtung angerufen werden!*

3. Die Projektplanung oder: Gut geplant ist halb gewonnen?

Sind Sie mit den Vorteilen eines phasenorientierten Vorgehens vertraut?

Seite 26

Haben Sie in Ihrem Projekt eine eindeutige Zieldefinition?

Seite 33

Kennen Sie die Bedeutung der Projektstrukturplanung?

Seite 34

Die Erteilung eines Projektauftrags zieht die Frage nach sich, wie man von der Idee zu deren effizienten Umsetzung gelangt. Beispielsweise bei der Fusionierung der Vertriebs- und Marketingabteilung. Meist liegen zu Beginn eines Projekts nur wenige Detailinformationen vor. Mit fortschreitender Projektlaufzeit nimmt der Wissensstand zwar rapide zu; am Anfang sollte jedoch die Projektarbeit stehen, sich also mit dem Projektgegenstand vertraut und mögliche Entwicklungsoptionen transparent zu machen. In diesem Zusammenhang empfiehlt sich ein phasenorientiertes Vorgehen. Hier wird der Projektauftrag grob in mehrere Teilabschnitte untergliedert, welche im Laufe des Projekts zunehmend in detaillierte Pläne überführt werden.

3.1   Projekte und ihre Phasen

Unabhängig von der Größe der Projektgruppe oder der Komplexität des Projektauftrags durchlaufen Projekte in aller Regel einen so genannten Projektlebenszyklus. Dieser ist durch vier Entwicklungsstufen bzw. Phasen gekennzeichnet:

Phase 1: Anbahnung
In der Anbahnungsphase wird der Grundstein für die Zusammenarbeit gelegt. Der Schwerpunkt dieser Phase ist darauf ausgelegt, die Projektgruppe zusammenzustellen, einen Projektleiter zu benennen und dessen Entscheidungs- und Weisungsbefugnisse in Abstimmung mit der Linie zu klären. Oftmals erfolgt bereits in dieser Phase eine erste Grobplanung, anhand derer

die ungefähre Projektlaufzeit sowie dafür benötigte Ressourcen geschätzt werden. Je nach Projektgegenstand kann es darüber hinaus von Bedeutung sein, Gutachten einzuholen oder Anträge zu formulieren (beispielsweise wenn Fördermittel des Bundes in Anspruch genommen werden sollen) und/oder mit externen Partnern Kontakt aufzunehmen, wenn Verträge zu schließen sind (z.B. bei Bauprojekten).

Phase 2: Vorbereitung

Die Vorbereitungsphase dient primär der Konkretisierung des Projektauftrags. Mit dem Zielfindungsprozess geht eine Problemkonkretisierung bzw. -analyse einher, in deren Verlauf sich die Projektgruppe intensiv damit auseinander setzt, warum das Ziel überhaupt erreicht werden muss. Darüber hinaus ist die Vorbereitungsphase dazu vorgesehen, erste Ideen zu sammeln, wie das Ziel erreicht bzw. die vorhandenen Probleme gelöst werden können. Darauf aufbauend kann bereits in dieser Phase über potenzielle Lösungskonzepte nachgedacht werden. Die Formulierung derartiger Grobkonzepte sollte mit einer Grobplanung kombiniert werden. Diese beinhaltet auch die Erstellung eines Projektstrukturplans einschließlich der Zuordnung, welche Arbeitspakete innerhalb des Projekts von wem zu bearbeiten sind (zum Projektstrukturplan siehe Kapitel 3.3, Seite 38). Somit erfolgt in der Vorbereitungsphase eine Festlegung der projektinternen Organisation.

Phase 3: Durchführung

Abhängig vom Projektgegenstand besteht die Schwerpunktsetzung der Durchführungsphase zunächst meist in der Abwicklung einer sorgfältigen IST-Analyse. Sie ist Voraussetzung für das Erstellen fundierter und umsetzbarer Problemlösungskonzepte. An die Formulierung einer SOLL-Konzeption schließt sich je nach Projektgegenstand ggf. ein Testlauf (z.B. bei DV-Projekten) an. Ebenfalls Bestandteil der Durchführungsphase kann – je nach Projektdefinition – auch die Implementierung bzw. Umsetzung der Projektergebnisse sein.

Phase 4: Abschluss
Im Rahmen der Abschlussphase erfolgt unter anderem die Wiedereingliederung der Projektmitarbeiter in die Linie oder ggf. in neue Projekte. Abschlussdokumentation und -präsentation sowie ggf. eine Publikation der Projektergebnisse sind Inhalt dieser Phase (z.B. in Mitarbeiterzeitungen, via Intra- und Internetauftritt sowie je nach Projektgegenstand und gesellschaftlicher Bedeutung auch Publikationen in der Tages- oder Fachpresse).

Projekte durchlaufen einen Projektlebenszyklus, welcher durch die vier Entwicklungsstufen „Anbahnungsphase", „Vorbereitungsphase", „Durchführungsphase" und „Abschlussphase" gekennzeichnet ist. Allen Phasen gemeinsam ist die Notwendigkeit einer gewissenhaften Planung, Kontrolle und Dokumentation der Projektzwischenergebnisse sowie einer kontinuierlichen Rückkopplung mit den von der Projektarbeit Betroffenen.

3. Die Projektplanung oder: Gut geplant ist halb gewonnen?

Vorteile eines phasenorientierten Vorgehens:

- *Durch die Phasenunterteilung werden die zentralen Komponenten des Projektauftrags sichtbar und transparent.*
- *Die Abwicklung des Projekts bzw. dessen Steuerbarkeit wird erhöht.*
- *Die Komplexität des Projektauftrags wird verringert bzw. besser handhabbar.*
- *Die Phaseneinteilung liefert einen Orientierungsrahmen für die Projektplanung.*
- *Es wird eine schnelle Erfassung der Projektentwicklung ermöglicht.*
- *Durch die Statuserfassung am Ende einer Phase ergeben sich Motivationseffekte.*

Tipp: Bilden Sie überschaubare Teilphasen
In großen Projekten ist die Durchführungsphase oftmals sehr umfangreich. Überlegen Sie daher, ob es sich für Ihr Projekt anbietet, die Durchführungsphase in einzelne Teilphasen bzw. -schritte zu unterteilen.

Teilphase 1: _____

Teilphase 2: _____

Teilphase 3: _____

Teilphase 4: _____

... : _____

Phasenorientiertes Vorgehen beschränkt sich nicht nur auf den sachbezogenen Ablauf des Projekts, sondern betrifft auch die Gruppenentwicklung, denn auch diese durchläuft unterschiedliche Phasen! (Zu den Phasen der Teamentwicklung siehe Kapitel 4.2, S. 58).

Ein phasenorientiertes Vorgehen erhöht die Transparenz über die im Verlauf des Projekts zu verrichtenden Arbeitsblöcke. Das Ende einer (Teil-)Phase wird durch so genannte Meilensteine definiert. Es handelt sich dabei um termingebundene Ereignisse von weit reichender Bedeutung für den weiteren Projektverlauf. Derartige Schlüsselereignisse helfen, den Projektstatus schnell zu erfassen und über die weitere Vorgehensweise zu entscheiden.

Meilensteine sind Ereignisse von erheblicher Bedeutung für den weiteren Projektverlauf (beispielsweise die Genehmigung des Projektantrags oder der Testlauf eines Prototyps). Sie helfen,

- *den Projektstatus zu erfassen,*
- *die bisherigen Projektziele auf ihre nach wie vor bestehende Gültigkeit und Relevanz hin zu überprüfen,*
- *die vorhandene Planung hinsichtlich zu erledigender Arbeitsblöcke um aktuelle Daten zu bereinigen sowie*
- *über die weitere Vorgehensweise im Projekt zu entscheiden.*

Am Ende jeder (Teil-)Phase stehen vier Entscheidungsmöglichkeiten zur Auswahl:
- *Abschluss der aktuellen und Beginn der nächsten (Teil-)Phase.*
- *Nachbearbeiten der aktuellen (Teil-)Phase.*
- *Rücksprung in vorherige (Teil-)Phase.*
- *Aussetzen oder Abbruch des Projekts.*

Übung:

Überlegen Sie, welche Meilensteine Ihnen in Ihrem Projekt dabei helfen können, den Projektstatus in der jeweiligen (Teil-)Phase zu erfassen? Bis wann sollten die jeweiligen Meilensteine erreicht werden?

Projekt-phasen	Meilensteine	Phasenab-schlusstermin
(Teil-) Phase 1		
(Teil-) Phase 2		
(Teil-) Phase 3		
…		

3.2 Welche Schritte in der Projektplanung durchlaufen werden

Fester Bestandteil der Planung, und zwar unmittelbar zu Beginn des Projekts stellt die Zielkonkretisierung bzw. Zielbildung dar. Hierbei werden die für das betrachtete Planungsproblem bzw. den Projektauftrag

maßgeblichen Ziele festgelegt. In diesem Zusammenhang ist es erforderlich, sich mit den Ursachen für die
Entstehung des Problems (Warum ist der Projektauftrag erforderlich?) und den potenziellen Konsequen-
zen vertraut zu machen. Das ist eine wichtige Voraussetzung dafür, Lösungsideen zu entwickeln bzw. zu
sammeln und deren Eignung für die Zielrealisierung
zu beurteilen.

Planung beruht auf unsicheren Informationen über die
Zukunft und basiert daher zumeist auf Schätzwerten.
Pläne sind folglich nicht fix, sondern unterliegen immer
wieder Änderungen und Anpassungen an die sich wan-
delnde Projekt(um)welt. Dies erfordert ein hohes Maß
an Flexibilität und Verständnis der Projektbeteiligten.

Die Projektleitung muss Veränderungen der Projektumwelt in eine dynamische Projektplanung integrie-
ren, und zukunftsorientiert agieren. Dabei sind Informationen über künftige, geplante Ereignisse oft nicht
exakt, sondern entsprechen vielmehr Näherungswer-
ten. Daher gilt: Der Detaillierungsgrad von Plänen ist
umso niedriger, je weiter in die Zukunft geplant wird
(Grobplanung). Im Projektverlauf erfolgt dann eine
stetige Präzisierung der Grobpläne, indem kontinuierlich Informationen gesammelt, aufbereitet und in die
vorhandenen Pläne integriert werden (Feinplanung).

Die Projektplanung ist dynamisch und wandelt sich
im Projektverlauf von einer Grobplanung, welche auf
bloßen Schätzungen basiert, zu einer Feinplanung mit
hohem Detaillierungsgrad.

3. Die Projektplanung oder: Gut geplant ist halb gewonnen?

Die Planung sowie permanente Planaktualisierung respektive Anpassung ist eine phasenübergreifende Aufgabe und zieht sich daher durch das gesamte Projekt.
Für eine fundierte und realistische Projektplanung sind erhebliche personelle, zeitliche und damit auch finanzielle Ressourcen aufzuwenden.

Die Gesamtplanung ist zentraler Bestandteil des Projektmanagements. Sie liegt im Verantwortungsbereich der Projektleitung, welche die Projektplanung gemeinsam mit ihrem Projektteam vornimmt. Das bedeutet, dass jedes Projektmitglied an der Planung beteiligt ist und die eigenen Arbeitspakete eigenverantwortlich plant, sofern bereits eine Projektstrukturierung erfolgt (partizipativer Ansatz, siehe Kapitel 1.2, Seite 12). Bei der Projektleitung laufen dann alle Fäden bzw. Einzelpläne zusammen und werden in Form einer Gesamtprojektplanung aufbereitet.

Die Planung schließt also die kontinuierliche Erfassung und Überprüfung des aktuellen Projektstatus sowie der geplanten Meilensteine ein. Es ist Aufgabe der Projektleitung, dass die Planungen zielorientiert sind, und dass darüber hinaus Zielabweichungen identifiziert, auf ihre Ursache hin hinterfragt und in die weitere Projektplanung eingebracht werden.

Die Gesamtprojektplanung besteht aus mehreren Teilbereichen, die nach Möglichkeit nicht alle auf einmal bearbeitet werden sollten. Ansonsten geht der Überblick leicht verloren (vor allem deshalb, da sich Projekte ja in aller Regel durch eine hohe Komplexität und Neuartigkeit auszeichnen und daher kaum

Erfahrungswerte über einen sinnvollen Ablauf vorliegen).

Vielmehr sollte Planung als Prozess verstanden werden, der sich schrittweise vollzieht und entwickelt. In dessen Verlauf sind folgende Fragen zu stellen:

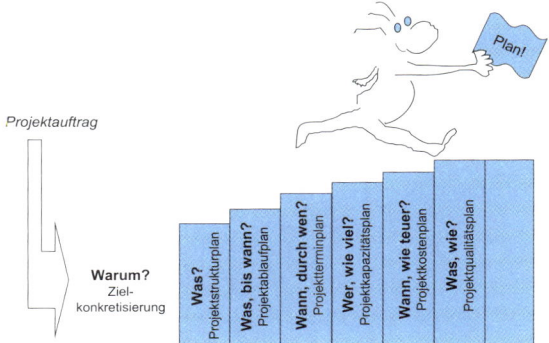

Projektauftrag

Warum?
Ziel-
konkretisierung

Was?
Projektstrukturplan

Was, bis wann?
Projektablaufplan

Wann, durch wen?
Projektterminplan

Wer, wie viel?
Projektkapazitätsplan

Wann, wie teuer?
Projektkostenplan

Was, wie?
Projektqualitätsplan

Planänderungen bedeuten nicht zwangsläufig, dass man falsch geplant hat. Sie tragen der Tatsache Rechnung, dass Pläne zukunftsbezogen sind und daher auf unsicheren Informationen über künftige Ereignisse beruhen!

Für eine realistische und zielführende Projektplanung ist die Projektleitung verantwortlich. Bei ihr laufen alle Fäden zusammen. Ihre Aufgabe besteht darin, im Rahmen des Planungsprozesses kontinuierlich Informationen zu sammeln, in Plänen aufzubereiten und den bisherigen Status hinsichtlich der Zielerreichung und Einhaltung der Meilensteine zu bewerten. Außerdem müssen Änderungen in der Projekt(um)welt adaptiert, künftige Entwicklungen prognostiziert sowie Annahmen über potenzielle Wirkungszusammenhänge getroffen werden. Gegebenenfalls müssen Plananpassungen vorgenommen, Orientierungshilfen für den weiteren Projektverlauf ausgearbeitet sowie komplexe und komplizierte Sachverhalte strukturiert, überschaubar und handhabbar gemacht werden.

Tipps für den erfolgreichen Einsatz von Planungsinstrumenten

Planung ist nicht gleich Planung. Jedes Projekt ist anders. Es gibt kein Patentrezept!

Planung gibt den Rahmen vor, an dem sich das Projektteam orientieren kann.

Planung ist ein Prozess. Daher entwickeln sich Pläne vom Groben zum Feinen.

Plananpassungen sind notwendig und sinnvoll, wenn sich die Projekt(um)welt verändert hat.

3.3 Projektziele finden, definieren und erreichen

Oft herrscht zu Beginn eines Projekts große Unsicherheit darüber, was von der Projektgruppe von Seiten des Auftraggebers (Unternehmensleitung, Abteilungs- oder Referatsleitung, unmittelbare Linienvorgesetzte, externe Partner, Förderverein, Forschungsinstitut, etc.) erwartet wird und folglich zu leisten ist. Eine der Hauptaufgaben der Projektleitung besteht darin, gemeinsam mit den übrigen Projektmitgliedern zu Be-

ginn des Projekts den Projektauftrag zu hinterfragen:
Welches Ziel soll im Einzelnen verfolgt werden?

Übung:
Darüber hinaus lassen sich weitere Indikatoren benennen, die Ihnen helfen zu beurteilen, ob die Zielbildung
bzw. -definition abgeschlossen ist:

Checkliste: Ist die Zieldefinition abgeschlossen?

	Ja	Teilweise	Nein
Zielkonkretisierung wurde drei-dimensional vorgenommen (Zielinhalt, Zielausmaß, Zielzeit).	❏	❏	❏
Ziele sind klar und nachvollziehbar.	❏	❏	❏
Ziele sind „messbar".	❏	❏	❏
Ziele sind vollständig (Zielsystem bzw. -hierarchie).	❏	❏	❏
Ziele sind widerspruchsfrei.	❏	❏	❏
Ziele sind realistisch.	❏	❏	❏
Ziele sind allen Beteiligten bekannt.	❏	❏	❏
Ziele werden von der Projektgruppe akzeptiert.	❏	❏	❏
Ziele wurden mit Auftraggeber rück-gekoppelt.	❏	❏	❏
Ziele sind schriftlich fixiert.	❏	❏	❏

Zur Unterstützung des Teamgedankens (siehe Kapitel
4, Seite 54) sollte die Zielkonkretisierung nicht allein
durch die Projektleitung erfolgen. Besser ist es, die gesamte Projektgruppe in diesen Prozess einzubinden.

3. Die Projektplanung oder: Gut geplant ist halb gewonnen?

Ein eindeutiges Ziel zeichnet sich dadurch aus, dass es Informationen auf drei unterschiedlichen, so genannten Zieldimensionen enthält:

(1) Zielinhalt

⇔ Was soll erreicht werden?

(2) Zielausmaß

⇔ Wie soll etwas bzw. wie viel soll mit welchem Finanzvolumen erreicht werden?

(3) Zielzeit

⇔ Wann soll etwas erreicht werden?

 Die Qualität der Projektergebnisse hängt wesentlich von der Qualität der Projektziele ab! Überprüfen Sie zu Beginn eines Projekts, ob darin eine eindeutige Zieldefinition enthalten ist. Falls nicht, sollte der Projektleiter dafür sorgen, dass die Projektgruppe – in Abstimmung mit dem Auftraggeber – die genaue Zielsetzung des Projekts klärt und in schriftlicher Form festhält. Falls der Projektauftrag darin besteht, eine allgemeine Bestandsaufnahme durchzuführen und somit keine genaue Definition von Zielinhalt, Zielausmaß und Zielzeit zulässt, dann sollte dies ebenfalls schriftlich fixiert werden.

Tipp für eine Vereinfachung des Zielfindungsprozesses

Fällt es Ihnen und Ihrer Projektgruppe schwer, ein Ziel zu finden, dann stellen Sie sich doch einfach mal die folgende Frage:

„Was wollen wir NICHT?"

Oftmals erleichtert eine Veränderung des bisherigen Blickwinkels die Suche nach dem primären Projektziel!

3.4 Der Projektstrukturplan – Zwecksetzung und Tipps zum sinnvollen Einsatz im Projekt

Liegt der Projektgruppe ein eindeutiges Ziel vor (entweder durch den Auftraggeber oder indem die Projektleitung für eine ausreichende Zielkonkretisierung gesorgt hat), kann mit weiteren Planungsschritten begonnen werden. Von herausragender Bedeutung ist vor allem zu Beginn des Projekts die so genannte Projektstrukturplanung, da auf ihr alle weiteren Pläne aufbauen.

Im Rahmen der Projektstrukturplanung werden die zum Planungszeitpunkt erwarteten Aufgabenbereiche derart untergliedert bzw. zusammengefasst, dass sie eindeutig auf einzelne Projektmitglieder zugeordnet werden können. Ziel der Projektstrukturplanung ist es, ausgehend vom Projektziel die im Rahmen des Projekts zu verrichtenden Tätigkeiten soweit herunter zu brechen, dass direkt und unmittelbar Prozessverantwortliche benannt werden können.

Ziel des Projektstrukturplans ist es, eine vollständige und strukturierte Übersicht über alle im Projekt anfallenden Aufgaben, Tätigkeiten bzw. Vorgänge zu erhalten. Diese so genannten Arbeitspakete werden im Zuge der Projektstrukturierung einzelnen Projektmitgliedern direkt zugeordnet. So sind die Verantwortlichkeiten im Projekt klar erkennbar. Um die direkte Zuordnung der Arbeitspakete auf die Projektmitglieder zu erleichtern, müssen Erstere inhaltlich möglichst klar voneinander abgegrenzt sein.

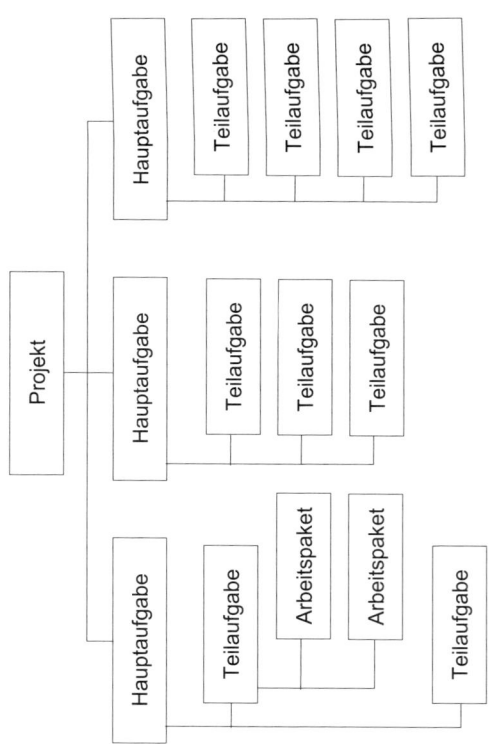

Es empfiehlt sich, Projektmanagement als eigene Hauptaufgabe zu verstehen und explizit in den Projektstrukturplan aufzunehmen. Insbesondere dann, wenn die Projektleitung bei weiteren (Teil-)Aufgaben oder Arbeitspaketen nicht eingeteilt ist.

Die Projektstrukturierung dient dazu festzustellen, was zu tun ist – und nicht, wie es zu tun ist!

Zweck der Projektstrukturierung

Durch die Zerlegung des Projekts bzw. des Projektauftrags in einzelne Arbeitspakete mit fest definierten Zuständigkeitsbereichen wird das Projekt besser plan- und steuerbar. Durch die Zerlegung des Projekts bzw. des Projektauftrags in einzelne Arbeitspakete mit fest definierten Zuständigkeitsbereichen wird das Projekt besser plan- und steuerbar. Zum einen erhöht sich durch die Projektstrukturierung die Übersichtlichkeit und Transparenz der zu bearbeitenden Aufgabenfelder. Zum anderen vereinfacht es die Abstimmung zwischen den Projektmitgliedern, wenn nicht nur Arbeitspakete fest, sondern auch die Verantwortlichkeiten offen gelegt werden. Außerdem wird im Rahmen der Projektstrukturierung die Notwendigkeit zur Bildung von Teilprojekten erkennbar.

Die Diskussion bzw. Festlegung der Bearbeitungsreihenfolge oder -dauer der Arbeitspakete ist nicht Gegenstand der Projektstrukturierung, sondern lediglich deren möglichst vollständige Auflistung.

Auch ein Projektstrukturplan ist ein Plan! Zu Projektbeginn wird dieser zunächst vergleichsweise grob formuliert, um dann im weiteren Projektverlauf zunehmend detaillierter zu werden. Je nach Projektentwicklung ist es unter Umständen erforderlich, die bisherige Projektstruktur zu überdenken und an neue Gegebenheiten anzupassen.

Anmerkung: Bei sehr umfangreichen Arbeitspaketen bietet es sich an, diese in einzelne Vorgänge bzw. Tätigkeiten zu zerlegen. Diese kleineren Einheiten vereinfachen insbesondere die Feinplanung.

3.5 Die Erstellung von Ablauf- und Terminplänen

Definitionsgemäß dient die Projektstrukturplanung dazu, anfallende (Teil-)Aufgaben und Arbeitspakete möglichst vollständig zu erfassen, wobei die Ausführungsreihenfolge oder Bearbeitungsdauer nicht thematisiert werden. Diese spielen erst im Rahmen der Ablauf- und Terminplanung eine Rolle. Bei der Ablaufplanung werden die Arbeitspakete in eine zeitliche Abfolge gebracht, wobei sachlogisch begründete Anordnungsbeziehungen zu berücksichtigen sind (z.B. derart, dass ein bestimmtes Arbeitspaket erst begonnen werden kann, wenn ein anderes abgeschlossen wurde). Werden darüber hinaus für die einzelnen Arbeitspakete nicht nur die Reihenfolge der Bearbeitung, sondern zudem auch die Anfangs- und Endzeitpunkte bzw. Bearbeitungsdauern definiert, so erhält man einen Terminplan, in dem auch Informationen über Meilensteine und Fixtermine (wie z.B. eine Präsentation der bisherigen Projektergebnisse bei der Unternehmensleitung, eine Sitzung des Steuerungsgremiums, spätestmöglicher Beginn des Testlaufs oder das Projektende) sowie eventuell vorhandene zeitliche Spielräume (so genannte Pufferzeiten) und kritische Arbeitspakete (hierbei handelt es sich um Tätigkeiten, die termingenau bearbeitet und abgeschlossen werden müssen, da sich ansonsten der Projektendtermin nach hinten verschiebt) aufgenommen. Die Gestaltung und grafische Aufbereitung der Ablauf- und Terminpläne ist auf vielfältige Weise möglich. Beispielhaft seien hier zwei Möglichkeiten näher erläutert:

Listenplan

Werden die zu erledigenden Arbeitspakete mit ihren terminlichen Abhängigkeiten in Form einer Liste gesammelt, spricht man von einem Listenplan. Häufig erfolgt diese Art der Planung in tabellarischer Form. Dabei wird für jedes Arbeitspaket bzw. jeden Vorgang nicht nur die (vermutliche) Bearbeitungsdauer mit den entsprechenden Anfangs- und Endzeitpunkten erfasst, sondern auch etwaige Abhängigkeiten mit vor- oder nachgelagerten Arbeitspaketen festgehalten. Zusätzlich sollten in einen derartigen Listenplan auch Informationen über Pufferzeiten aufgenommen werden.

Die Listentechnik bietet sich insbesondere in der Anfangs- und Vorbereitungsphase eines Projekts an. Sie ist grundsätzlich für Projekte aller Größen geeignet, erfordert einen nur geringen Arbeitsaufwand und verursacht vergleichsweise niedrige Kosten.

Balkenplan

Ein ebenfalls einfaches, aber sehr effektives Planungsinstrument stellt der Balkenplan dar. So kann der zeitliche Ablauf des Projekts optisch dargestellt werden, indem zunächst die zeitliche Abfolge der Arbeitspakete ermittelt wird. Im Anschluss daran wird für jedes Arbeitspaket die Bearbeitungsdauer festgelegt. In der grafischen Umsetzung entspricht die Balkenlänge der jeweiligen Bearbeitungsdauer. In aller Regel orientiert man sich dabei an einer horizontalen Zeitachse, welche in Kalendereinheiten aufgeteilt ist (Tage, Wochen, Monate, Jahre).

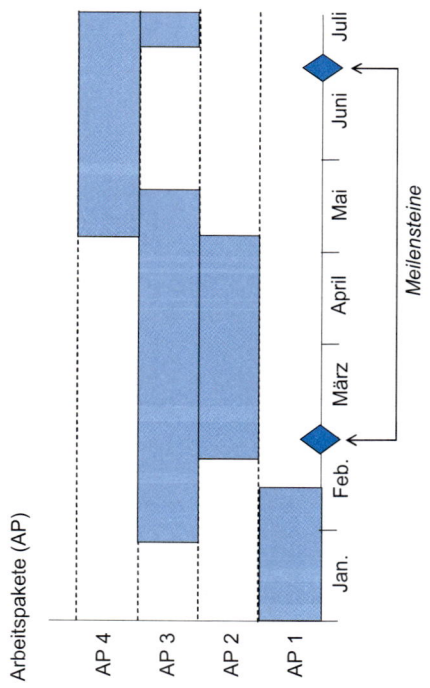

Es empfiehlt sich zudem, termingebundene Schlüsselereignisse oder Fixtermine als Meilensteine in den Balkenplan aufzunehmen. So steigt der Informationsgehalt deutlich an, ohne dass das Instrument an Übersichtlichkeit verliert.

Im Projektverlauf ist es erforderlich, die geplanten Arbeitspakete (SOLL-Daten) immer wieder mit den tatsächlichen Bearbeitungsdauern und ggf. neuen, aktuellen Plandaten (IST-Daten) abzugleichen. Bei Abweichungen ist der Balkenplan zu aktualisieren (hierfür ist die Netzplantechnik besser geeignet). Anhand des Balkenplans sind die zeitliche Dauer einzelner Arbeitspakete sowie die Projektlaufzeit schnell erkennbar. Zeitliche oder inhaltliche Abhängigkeiten bzw. Vernetzungen zwischen einzelnen Arbeitspaketen können mit Hilfe eines Balkenplans jedoch nur sehr eingeschränkt visualisiert werden.

Anmerkung: Die Balkenplantechnik kann auch ohne konkrete Datumsangaben angewendet werden. In diesem Fall handelt es sich um einen so genannten kalenderunabhängigen Fristenplan, dessen Skalierung lediglich in Zeiteinheiten erfolgt (z.B. 1. Monat, 2. Monat, 3. Monat, etc., anstelle von Mai, Juni, Juli, etc.).

Die Balkenplantechnik ist vor allem in der Durchführungsphase ein wertvolles Planungsinstrument. Für die Anfangs- und Vorbereitungsphase eines Projekts ist sie weniger geeignet. Zu diesem Zeitpunkt werden nämlich oftmals nur wenig präzise Zeitschätzungen für die jeweiligen Arbeitspakete vorliegen. Werden in den Balkenplan auch Meilensteine eingetragen, so ergibt sich ein einfaches, aber äußerst informatives Planungsinstrument, welches die zeitlichen Abfolgen sowie termingebundenen Schlüsselereignisse visualisiert.

3. Die Projektplanung oder: Gut geplant ist halb gewonnen?

Übung:
Überlegen Sie, welche Arbeitspakete in den nächsten vier Wochen in Ihrem Projekt bearbeitet werden müssen. Notieren Sie sich die vermutliche Bearbeitungsdauer je Arbeitspaket. Zeichnen Sie dann - entsprechend der jeweiligen zeitlichen Dauer – für jedes Arbeitspaket einen Balken in das untenstehende Diagramm. Gibt es zudem Meilensteine oder Fixtermine, welche in diesen Zeitraum fallen? Kennzeichnen Sie diese ebenfalls in Ihrem Balkenplan.

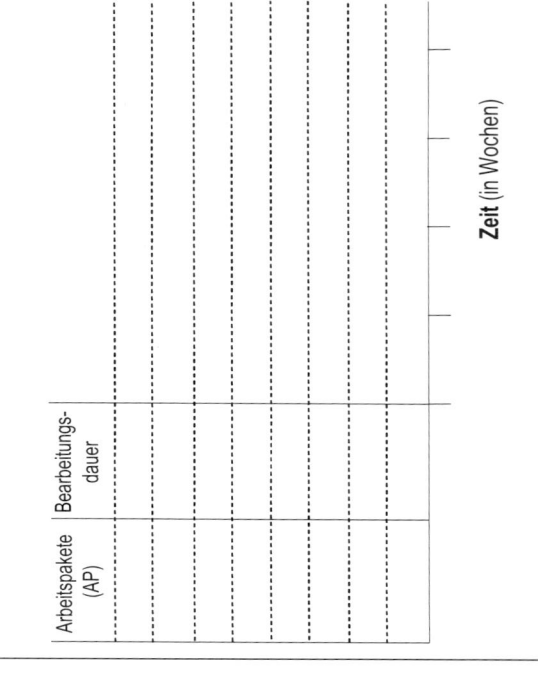

3.6 Die Erstellung von Kapazitätsplänen

Termin- und/oder Kostendruck aufgrund personeller, zeitlicher oder maschineller Engpässe belasten die Projektarbeit. Die Gründe hierfür können vielfältig sein: Zum einen treten Engpässe dann auf, wenn mehrere Projekte gleichzeitig bearbeitet werden und diese auf die gleichen Ressourcen zugreifen müssen. Zum anderen kann es für ein Projektteam problematisch sein, wenn von den Linienvorgesetzten dringliche Zusatzaufgaben an die Projektmitglieder herangetragen werden, welche der eigentlichen Projektarbeit vorgezogen werden sollen bzw. müssen. Schließlich kann die Ursache für Kapazitätsengpässe jedoch auch in einer unzureichenden Planung liegen.

Um diese Ursache auszuschließen empfiehlt es sich, eine Kapazitätsplanung durchzuführen, in deren Verlauf die vorhandenen Ressourcen (z.B. Arbeitszeit pro Tag) mit den zu erledigenden Arbeitspaketen in Beziehung gesetzt werden. Hierzu werden – ähnlich wie bei einem Balkenplan - alle Arbeitspakete entlang einer horizontalen Zeitachse in ein Diagramm eingetragen. Diesen wird auf einer vertikalen Achse die interessierende Ressource gegenübergestellt (z.B. tägliche Bearbeitungsdauer der Arbeitspakete AP durch Mitarbeiter Müllermuster).

Das Belastungsdiagramm zeigt an, dass es ab der fünften Woche zu einem Überschreiten der Kapazitätsgrenze von Projektmitglied Müllermuster kommen wird (gestrichelte Linie), wenn dieser pro Tag maximal fünf Stunden für die Projektarbeit eingesetzt werden kann (vertikale Kapazitätsachse), aber trotzdem die Arbeitspakete AP 2 bis AP 4 bearbeiten soll.

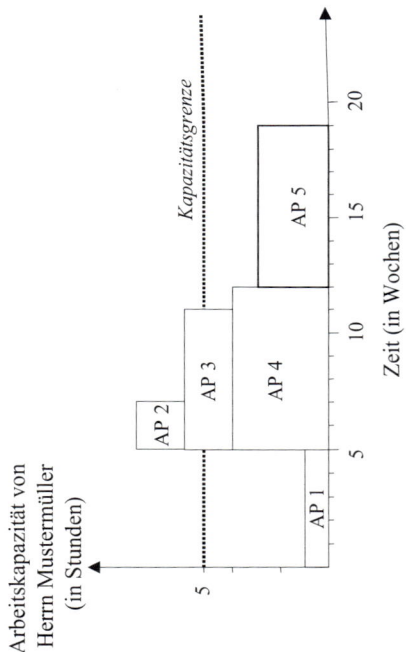

 Mit Hilfe der Kapazitätsplanung können (potenzielle) Engpässe identifiziert und geeignete Gegenmaßnahmen frühzeitig eingeleitet werden. Voraussetzung hierfür ist, dass Kapazitätspläne nicht nur an alle Projektmitglieder, sondern auch an die von der Projektarbeit betroffenen Organisationseinheiten kommuniziert bzw. weitergeleitet werden, so dass zu erwartende Belastungsspitzen und Auslastungsgrenzen für alle Beteiligten erkennbar sind und gemeinsam nach Lösungsmöglichkeiten gesucht werden kann.

Übung:
Projekte sind in der Regel durch erheblichen Termin-druck gekennzeichnet. Daher sollten Sie in regelmä-ßigen Abständen überprüfen, wie viel Arbeitszeit Sie für (un?)wichtige Tätigkeiten einsetzen. Fertigen Sie hierzu ein individuelles Kreisdiagramm an, in wel-chem Sie für jede der unten genannten Tätigkeitsart markieren, wie viel Prozent einer durchschnittlichen Projektarbeitswoche Sie dafür verwenden.

1. Gemeinsame Entscheidungen innerhalb der Projektgruppe.
2. Informationsaustausch mit Projektmitgliedern.
3. Erledigung der eigentlichen Projektarbeit.
4. Erledigung von projektunabhängigen Routine-tätigkeiten/Tagesgeschäft.
5. Erledigung von Sondertätigkeiten für Linien-vorgesetzte.
6. Erledigung von Sondertätigkeiten für das Projekt.
7. Störungen und Konfliktbereinigung.
8. Lernen neuer Fertigkeiten.
9. Erholende Kurzgespräche.
10. Sonstiges

Sind Sie zufrieden mit dieser Zeitaufteilung? Falls nicht, überlegen Sie, welche Möglichkeiten es gibt, die zeitlichen Schwerpunkte anders zu setzen.

Anmerkung: Das Zeitdiagramm kann auch im Projektteam erstellt werden. Das bedeutet jedoch, dass sich alle Mitglieder einigen müssen. Dies bedarf zwar zumeist intensiver Diskussionen, allerdings bildet es eine hervorragende Basis für eine (noch) effizientere Gestaltung des Projekts.

3.7 Die Erstellung von Kosten- und Qualitätsplänen

Kostenplan

In die Kostenplanung fließen neben Sach- auch Personalkosten mit ein. Dabei werden den einzelnen Arbeitspaketen die im Projektverlauf verursachten Kosten zugeordnet. Man unterscheidet hierbei zwischen den verursachten Kosten pro Zeiteinheit und den insgesamt verursachten Kosten. Somit werden alle anfallenden Kosten zur Erreichung der Leistungsziele - einschließlich der Kosten für das Projektmanagement - in diese Form der Planung eingeschlossen. Im Rahmen der Kostenplanung werden auch die aus der Kapazitätsplanung ermittelten Positionen (Bearbeitungsdauer je Arbeitspaket je Projektmitglied) monetär bewertet, pro Zeiteinheit umgerechnet und auf einer horizontalen Zeitachse abgebildet.

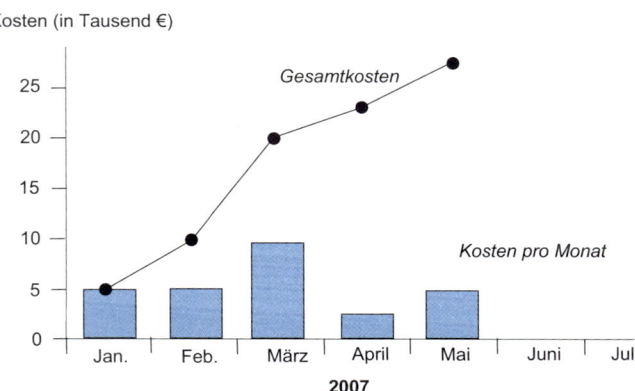

Kosten (in Tausend €)

Qualitätsplan

Ein Qualitätsplan dient primär dazu, die innerhalb des Projekts ablaufenden Prozesse zu standardisieren, um eine einheitliche Qualität sicherzustellen. Darin geregelt sind u.a. die Art und Weise der Information und Kommunikation (beispielsweise die Dokumentation der Projektarbeit und -ergebnisse). Diese Art der Planung ist dann von besonderer Bedeutung, wenn zu Projektbeginn keine Teamentwicklung innerhalb der Projektgruppe stattgefunden hat, in deren Verlauf üblicherweise derartige Fragen geklärt werden (siehe Kapitel 4, Seite 55). Ist dies der Fall, so findet die Qualitätsplanung meist zu Beginn des Projekts statt. Das stellt sicher, dass Auftraggeber und Projektgruppe nicht nur die gleichen Anforderungen an die zu erbringenden Leistungen stellen, sondern dass diese auch kontrollierbar sind. Hilfreich bei der Formulierung von Qualitätsplänen kann beispielsweise die Orientierung an DIN-Normen oder Unternehmensleitsätzen sein.

Anhand der Kostenplanung lässt sich ermitteln, ob die Budgeteinhaltung möglich ist. Dafür wird der Kostenverlauf erfasst, wobei zwischen den anfallenden Kosten pro Zeiteinheit (z.B. pro Monat) und den insgesamt anfallenden Kosten zu differenzieren ist (Aufsummierung aller Kosten im Projektverlauf). Bei Überschreiten der Budgetgrenze ist zu prüfen, inwiefern Einsparungsmaßnahmen die Projektgesamtkosten reduzieren oder aber, ob zusätzliche Finanzmittel akquiriert werden können.
In vielen Projekten ist der Qualitätsplan Bestandteil einer Art Pflichtenheft bzw. einer Projektgruppenverfügung; oftmals wird er durch diese ersetzt.

4. Von der Projektgruppe zum leistungsstarken Projektteam

Für Projekte übliche arbeitsteilige Prozesse stellen eine besondere Organisationsform dar. Sie sind durch ein Netz formaler, informaler, ungeplanter und teilweise auch ungewollter Beziehungen zwischen den Projektmitgliedern gekennzeichnet. Das Zusammentreffen von Menschen unterschiedlicher Fähigkeiten und Interessen zur Erfüllung einer Teilleistung im Rahmen des Projekts führt daher nicht zwangsläufig zur Bildung einer Gruppe mit positiven sozio-emotionalen Bindungen. Gerade das Vorhandensein derartiger Bindungen in Projektgruppen ist jedoch von Vorteil, um stressbeladene Situationen, die durch den üblicherweise herrschenden Termin-, Kosten- und Leistungsdruck entstehen, durch eine zielorientierte und konfliktarme Arbeitsatmosphäre aufzufangen bzw. abzumildern. Daher sollten Projektgruppen die Wandlung von einer Gruppe zu einem Team vollziehen.

4.1   Kennzeichen von Projektteams

Bei Teams handelt es sich um eine spezielle Gruppenform, die durch das kooperative Zusammenwirken von zwei oder mehreren Personen auf ein gemeinsam definiertes Ziel hin gekennzeichnet ist. Zwischen den einzelnen Teammitgliedern bestehen vergleichsweise enge wechselseitige Beziehungen, die sich durch eine spezifische Arbeitsform (Teamwork), einen ausgeprägten Gemeinschaftsgeist und ein ausgesprochen hohes Zusammengehörigkeitsgefühl (der so genannten Gruppenkohäsion) auszeichnen.

Wird Teamarbeit „richtig" durchgeführt, so lassen sich Probleme in aller Regel kreativer, flexibler und effizienter lösen als in hierarchisch organisierten Arbeitsgruppen. Der Grundgedanke der Teamarbeit ist - ähnlich wie beim Projektmanagement - Lösungen gemeinsam zu erarbeiten. Die durch die Teamarbeit entwickelten Konzepte werden in der Regel von allen Projektmitgliedern mitgetragen. Daher ist deren Umsetzung in die Unternehmenspraxis meist leichter und problemloser zu bewerkstelligen, was sich beispielsweise bei Reorganisationsprojekten zeigt.

Teamarbeit ist immer dann sinnvoll, wenn mehrere Personen ein gemeinsames Ziel gemeinsam erreichen möchten, verschiedene Standpunkte, Meinungen und Gefühle berücksichtigt werden sollen, anstehende Entscheidungen alle Gruppenmitglieder betreffen, zur Zielerreichung die Erfahrungen und Ideen aller Gruppenmitglieder benötigt werden und die Zusammenarbeit durch einen menschlichen Umgangston geprägt sein soll. Die ideale Gruppengröße für Teamarbeit beträgt sieben Personen. Daher empfiehlt es sich für größere Projektgruppen, zwischen einem Kernteam (mit ca. sieben Teilnehmern) und einem erweiterten Projektteam zu differenzieren.

Als zentraler Erfolgsfaktor der Teamarbeit gilt die Schaffung geeigneter Voraussetzungen für die Zusammenarbeit. Diese können gefördert werden durch die ...

- Teamzusammenstellung:
  Die Teammitglieder sollten sich in ihren Kompetenzen, Erfahrungen und Fähigkeiten gegenseitig

ergänzen. (Machen Sie sich nach Möglichkeit die Regel „Projektrelevante Qualifikation vor Hierarchie!" zum Entscheidungsgrundsatz.)

- Bereitschaft eines jeden Teammitglieds zu kooperativer Zusammenarbeit und tragfähigen Kompromissen.
- Gemeinschaftliche Zieldefinition zu Projektbeginn: Es sollte ein übergeordnetes Projektziel definiert und die Individualziele der Teammitglieder so weit wie möglich berücksichtigt werden.
- Eindeutige Aufgabenverteilung: Es sollte eine Klärung der zu leistenden Aufgaben jedes Teammitglieds erfolgen.
- Vereinbarung von Spielregeln für die gemeinsame Zusammenarbeit (siehe Kapitel 4.2, S. 58).
- Wahl geeigneter, das Projekt unterstützender Methoden und Instrumente, insbesondere im Hinblick auf die Information und Kommunikation innerhalb des Projekts.

Förderliche Rahmenbedingungen für eine erfolgreiche Teamarbeit:

Stimmige Teamzusammenstellung.	☑
Kooperative Zusammenarbeit.	☑
Kompromissbereitschaft	☑
Gemeinschaftliche Zieldefinition.	☑
Gemeinschaftliche Klärung der zu leistenden Aufgaben.	☑
Vereinbarung von Spielregeln der Zusammenarbeit.	☑
Reger Informationsaustausch zwischen den Teammitgliedern.	☑

4.2   Vier Phasen der Teamentwicklung

Um die Vorteile der Teamarbeit nutzen zu können, müssen positive sozio-emotionale Beziehungen zwischen den Projektmitgliedern aufgebaut werden. Dieser Entwicklungsprozess von der Gruppe (mit fachlich kompetenten Individualisten) zu einem Team (mit fachlich kompetenten Teamplayern) durchläuft in aller Regel vier Phasen:

Formierungsphase
Die Formierungsphase ist vor allem durch ein gegenseitiges Abtasten der Projektmitglieder gekennzeichnet. In dieser Phase herrscht im Allgemeinen noch große Unklarheit über Aufgaben, Inhalte und Ziele des Projekts, aber auch über die Art und Weise der Zusammenarbeit.

Konfliktphase
Die Konfliktphase dient primär dazu, dass sich die Projektmitglieder besser kennen lernen. Dabei stehen der Austausch bisheriger (Projekt-)Erfahrungen, vorhandener Fachkenntnisse, Erwartungen an die Projektarbeit, aber auch der individuellen Zielsetzungen im Vordergrund. Im Verlauf der Konfliktphase treten Interessendivergenzen und Meinungsverschiedenheiten auf, die es auf konstruktive Art und Weise zu klären gilt. Die Gestaltung und Beendigung dieser Phase bestimmt die weitere Zusammenarbeit der Gruppe wesentlich. Daher stellt sie eine große Herausforderung an die Projektleitung dar.

Normierungsphase

In der Normierungsphase werden die Gemeinsamkeiten zwischen den Teammitgliedern ausgelotet, tragfähige Kompromisse gesucht und etwaige Konflikte beigelegt. Der Grundstein für den Aufbau einer Projektkultur ist eine Einigung auf Regeln der Zusammenarbeit (z.B. Pünktlichkeit, Ausreden lassen, Erstellung und Verwendung einheitlicher Dokumentvorlagen, etc.), eine einheitliche Sprache und Begriffsverwendung, usw. sowie die Klärung von Zuständigkeiten. Das stärkt den Gruppenzusammenhalt und festigt das WIR-Gefühl des Projektteams („Wir ziehen alle an einem Strang!").

Arbeitsphase

Die eigentliche Arbeitsphase beginnt, wenn die Energie der Gruppe nicht mehr durch gegenseitiges kennenlernen und/oder (verdeckte) Konflikte blockiert wird, sondern frei für die gemeinsame Erfüllung des Projektauftrags ist (Teamwork).

T oll
E in
A nderer
M acht's

Legen Sie den Schwerpunkt bei der Teambildung auf die Konflikt- und Normierungsphase. Dies ist die Voraussetzung für eine produktive Arbeitsphase!!! Gute Teamarbeit lebt von einem transparenten und offenen Informationsaustausch sowie einer intensiven Kommunikation zwischen den Teammitgliedern.

Tipps für einen guten Projektstart

1. Nutzen Sie die ersten Projektsitzungen hauptsächlich dafür, die Distanz zwischen den künftigen Teammitgliedern abzubauen und Nähe aufzubauen.

2. Erfassen Sie, ob Ängste und Vorurteile hinsichtlich des Projekts bestehen und bauen Sie diese ab.

3. Formulieren Sie Spielregeln der Zusammenarbeit und des Umgangs miteinander.

4. Schaffen Sie durch Ihre Offenheit eine Vertrauensbasis für eine teamorientierte Zusammenarbeit.

5. Erklären Sie das Projekt zum „geschützten Raum", in welchem sich jedes Teammitglied frei äußern kann, ohne Sanktionen befürchten zu müssen.

6. Festigen Sie ein Wir-Gefühl in der Projektgruppe: „Wir sind ein Team und verfolgen gemeinsam ein wichtiges Ziel!"

4.3 Potenziale erkennen, Motivation fördern

Die meisten Menschen haben das Bedürfnis, als Individuen wahrgenommen zu werden und sich in ihrer Persönlichkeit weiterzuentwickeln. Deshalb sollte auch innerhalb eines Projekts das Leistungs- und Entwicklungspotenzial jedes Teammitglieds entsprechend gefördert werden. Hierin liegt der Schlüssel für ein gutes Motivationsmanagement! Zuvorderst beinhaltet dieses die Motivation des Projektteams durch die Projektleitung, schließlich kommt es im Laufe eines Projekts immer wieder zu Ereignissen, die für das Projektteam erheblichen Druck mit sich bringen (z.B. wenn auf Grund unvorhergesehener Zwischenfälle die Termineinhaltung gefährdet ist, Überstunden gemacht werden müssen oder der Auftraggeber eine Änderung der ursprünglichen Zielsetzung wünscht). Darüber hinaus zeichnet sich erfolgreiches Motivationsmanagement aber auch durch die Fähigkeit der Projektleitung zur Selbstmotivation aus!

Motivation des Projektteams
Die Motivation des Projektteams ist eine sensible Aufgabe der Projektleitung. In Abhängigkeit von den herrschenden Rahmenbedingungen (wie finanzielle Ressourcen, Tarifvereinbarungen, etc.) stehen ihr hierfür sowohl monetäre (z.B. Leistungsprämien) als auch nicht-monetäre Anreize (beispielsweise Anerkennung oder Lob) zur Verfügung.

4. Von der Projektgruppe zum leistungsstarken Projektteam

Ein hohes Motivations- und Leistungsniveau ist nicht allein mit Leistungsanreizen wie mehr Geld zu erreichen. Im Gegenteil! Oftmals ist ein anerkennendes Wort oder Lob für den erfolgreichen Abschluss eines Arbeitspaketes mindestens genauso motivierend für ein Projektmitglied wie Geld – denn dadurch fühlt es sich von der Projektleitung als leistungsstarkes Individuum wahrgenommen.

Motivation ist nicht angeboren, sondern erlern- und auch vermittelbar! Jedes Teammitglied kann zur Mitarbeit angeregt und motiviert werden. Es lohnt sich also, nach den „richtigen" Anreizen zu suchen. Das ist eine zentrale Aufgabe der Projektleitung.

Im übrigen zeigt sich immer wieder, dass sich die Stimmung der Projektleitung erheblich auf die Produktivität des Teams auswirkt und damit eine (De-)Motivationswirkung entfaltet. So zeichnen sich Projektteams, die ihren Projektleiter als freundlich wahrnehmen, in aller Regel durch eine auffallend offene und kreative Arbeitsatmosphäre aus. Zudem sind Projektteams mit einem freundlichen Umgangston signifikant besser koordiniert und daher insbesondere bei Aufgaben, die einen hohen Kreativitätsanteil erfordern, traditioneller Gruppenarbeit überlegen.

Ziel der Projektleitung sollte es sein, für eine positive Grundstimmung im Projekt und eine offene Arbeitsatmosphäre zu sorgen.

Übung:
Gemeinsame Erfolgserlebnisse stärken das WIR-Gefühl und wirken motivierend. Notieren Sie Erfolgserlebnisse, welche Sie mit der Projektgruppe gemeinsam erlebt bzw. durch gute Teamarbeit erreicht haben und koppeln Sie Ihre Beobachtungen an Ihr Team zurück.

_____

_____

_____

_____

_____

_____

_____

_____

Neben Erfolgserlebnissen bestimmen auch negative Erfahrungen und die Auseinandersetzung mit problematischen Situationen den Projektalltag. Der dabei entstehende Stress lässt sich manchmal dadurch reduzieren, dass man den bisherigen Blickwinkel verlässt und versucht, das Problem von einer anderen Warte aus zu betrachten.

4. Von der Projektgruppe zum leistungsstarken Projektteam

Übung:

Stellen Sie sich folgende kritische Sachlagen vor und überlegen Sie zusammen mit Ihrem Team, welche *positiven* Auswirkungen bzw. Vorteile sich daraus für Sie und die Projektgruppe ergeben.

1. Das Projektbudget wird um 5 Prozent gekürzt.

_____

_____

_____

_____

_____

2. Ein wertvolles Projektmitglied scheidet wegen Umzugs aus der Projektgruppe aus.

_____

_____

_____

_____

_____

3. Ein Meilenstein kann nicht zum geplanten bzw. gewünschten Termin abgeschlossen werden.

_____

_____

_____

_____

_____

Selbstmotivation

Erfolgreiche Teamarbeit kann umso besser gelingen, je positiver die Projektleitung an die Lösung vorhandener Probleme herangeht. Somit kommt ihr nicht nur hinsichtlich der Motivation des Projektteams eine zentrale Bedeutung zu. Auch die Fähigkeit zur Selbstmotivation ist gefragt. In diesem Zusammenhang spielt es auch eine Rolle, wie mit negativen Erfahrungen umgegangen wird: Selbstmotivation kann umso effektiver wirken, je weniger negative Entwicklungen oder Erlebnisse persönlich genommen werden und je mehr man sich auf das vorhandene Erfolgspotenzial konzentriert.

Stress und negative Erfahrungen gehören zum Projektalltag. Lassen Sie sich dadurch nicht die Freude an der Projektarbeit verderben!

Tipps zur Selbstmotivation

1. Nehmen Sie nicht alles persönlich!

2. Konzentrieren Sie sich auf Ihre Stärken!

3. Machen Sie sich die hohe Bedeutung Ihrer Arbeitsleistung klar!

4. Versuchen Sie, negativen Ereignissen eine positive Seite abzugewinnen! Kaum etwas ist so schlecht bzw. nachteilig, wie es anfangs scheinen mag!

5. Entscheiden Sie selbst, in welcher Stimmung Sie den Tag beginnen!

4. Von der Projektgruppe zum leistungsstarken Projektteam

Das Menü des Tages	
☺	☹
Ich bin heute ...	*Ich bin heute ...*
Fröhlich	Frustriert
Konzentriert	Leicht ablenkbar
Fokussiert	Demotiviert
Produktiv	Unproduktiv
Mit Spaß an der	Unzufrieden
Projektarbeit	

Es gilt, von Zeit zu Zeit den Blick weg von eigenen Schwächen und hin zu den Stärken zu richten. Überlassen Sie niemandem die Entscheidung darüber, wie Ihr Arbeitstag wird! Entscheiden Sie selbst, mit welcher Einstellung Sie den heutigen Projekttag beginnen! Auf welcher Seite möchten Sie stehen?

Tagesübungen für die Projektleitung

Wenden Sie die folgenden Regeln an und Sie werden sehen, dass Ihre Freude an der Projektarbeit wächst!

Regel 1: Sorgen Sie für eine positive Grundstimmung!

Sie entscheiden, mit welcher Einstellung Sie den heutigen Projekttag beginnen. Gehen Sie mit Freude an die Arbeit; Unangenehmes wird dadurch leichter erträglich.

Regel 2: Vereinfachen, vereinfachen, vereinfachen!

Nehmen Sie sich ein Arbeitspaket vor, welches Sie diese Woche bearbeiten wollen. Beginnen Sie sofort damit, dieses zu vereinfachen! Nächste Woche überlegen Sie, welches Arbeitspaket Sie nun vereinfachen können.

Regel 3: Erwarten Sie das Beste von Ihren Projektmitgliedern!

Sie werden sehen, dass jedes Projektmitglied Ihren Respekt verdient.

Regel 4: Seien Sie ein Gewinn!

Denken Sie positiv von sich selbst und sehen Sie sich als Gewinn für Ihr Team. Schreiben Sie auf, inwiefern Sie in der vergangenen Woche positiv zum Projektgeschehen beigetragen haben!

Regel 5: Üben Sie täglich Regel 6!

Regel 6: Nehmen Sie nicht alles persönlich!

5. Was Projekte erfolgreich macht

Sind Sie sich der Bedeutung einer ganzheitlichen Betrachtungsweise bewusst?

Seite 69

Kennen Sie das magische Dreieck?

Seite 70

Wissen Sie, wie Sie ideale Voraussetzungen für eine erfolgreiche Teamarbeit schaffen können?

Seite 74

Komplexe, innovative und neuartige Aufgabenstellungen in Form von Projekten bearbeiten zu lassen, ist sinnvoll. Wie erfolgreich die Projektarbeit ist und ob die gesetzten Ziele erreicht werden können, hängt wesentlich von der Fähigkeit der Projektleitung ab, die Grundgedanken des Projektmanagements zu verinnerlichen und im Projektalltag umzusetzen. Dazu gehört vor allem die Erkenntnis, dass der Projekterfolg nicht allein von sachlogischen Faktoren abhängt, sondern ein Produkt aus dem Fachwissen der Projektmitglieder und deren Verhalten darstellt (ganzheitliche Betrachtungsweise!).

$$Erfolg = Wissen * Verhalten^2$$

Grundvoraussetzung für ein erfolgreiches Projektmanagement stellen neben der Planung und Kontrolle sowie der Projektorganisation vor allem die Akzeptanzschaffung für die Projektarbeit, die Information und Kommunikation sowie die Teamarbeit dar.

5.1 Erfolgsfaktor „Planung und Kontrolle"

Dass eine umfassende und gewissenhafte Planung die Basis für ein erfolgreiches Projektmanagement darstellt, ist unbestritten. Dennoch sind in der Unternehmenspraxis zwei Anwendungsfehler vergleichsweise häufig zu beobachten. Zum einen wird Planung oftmals allein mit der Erstellung und Aktualisierung von Ablauf- und Terminplänen gleichgesetzt; Kapazitäts- oder Kostenpläne spielen dabei allenfalls eine Nebenrolle. Zum anderen kommt es in Projekten immer wieder vor, dass zwar die Notwendigkeit einer ganzheitlichen Planung gesehen wird, die Abhängigkeiten zwischen Terminen, Leistung und Kosten allerdings nicht in ausreichendem Maße berücksichtigt werden. Vor dem Hintergrund, dass es sich dabei um die drei zentralen Projektzielgrößen handelt (Was soll in welcher Zeit mit welchem finanziellen Aufwand erreicht werden?), ist es jedoch absolut erforderlich, auch in dieser Hinsicht einen ganzheitlichen Ansatz zu wählen.

Beide Anwendungsfehler können fatale Folgen für die Projektsteuerung haben, da zwischen den Termin-, Leistungs- und Kostengrößen derart starke Abhängigkeiten bestehen, dass Änderungen eines Parameters immer auch zu Änderungen mindestens eines weiteren Parameters führen (so genanntes magisches Dreieck).

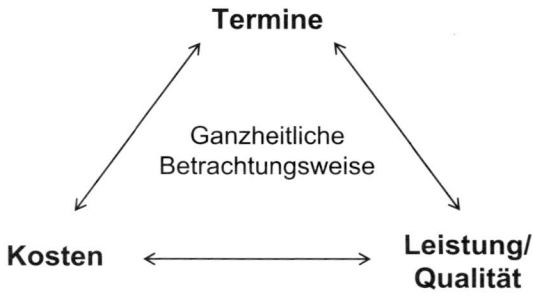

Dabei sind Änderungen der Plandaten nichts unge-
wöhnliches. Definitionsgemäß beruhen die aus der
Planung gewonnenen Informationen nämlich auf Zu-
kunftsschätzungen. Entsprechend hoch ist die Wahrscheinlichkeit, dass die ursprünglich angenommenen
Entwicklungen hinsichtlich der Termine, Leistungen
und Kosten in ihren tatsächlichen Ausprägungen von
den Plandaten abweichen. Daher ist es im Rahmen einer integrierten Projektsteuerung sinnvoll, wiederholt
Soll-Ist-Vergleiche durchzuführen. Ergeben sich Abweichungen zwischen den Plandaten (SOLL) und den
tatsächlich eingetretenen Ergebnissen (IST), so ist eine
Ursachenanalyse durchzuführen, in deren Verlauf kri-
tisch hinterfragt wird, warum das IST vom SOLL ab-
weicht. In Abhängigkeit vom Ergebnis der Ursachenanalyse erfolgt eine Plananpassung und ggf. eine Rich-
tungskorrektur der Projektarbeit.

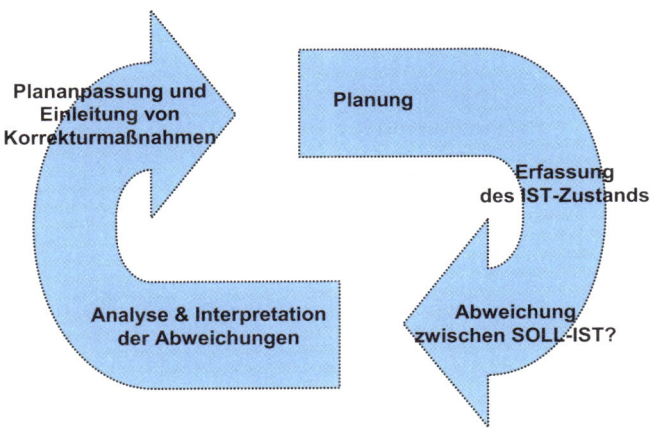

Die SOLL-IST-Abweichungen lassen sich nur feststellen, wenn neben der Planung auch eine Kontrolle stattfindet. Führen Sie diese regelmäßig durch, und achten Sie darauf, dass weniger die Einzelaktivitäten der Teammitglieder (dies würde dem Grundgedanken der Eigenverantwortlichkeit jedes Projektmitglieds widersprechen), sondern vielmehr das Erreichen gesteckter (Teil-)Ziele kontrolliert wird (Ergebniskontrolle).

 Erfolgreiches Projektmanagement erfordert eine kontinuierliche Planung sowie Kontrolle und zwar vom Projektbeginn bis zum Projektabschluss! Machen Sie sich die potenziellen Risiken bewusst und werden Sie rechtzeitig vorbeugend aktiv! Dadurch erhöhen Sie die Wahrscheinlichkeit, das Projektziel zu erreichen.

5.2 Erfolgsfaktor „Organisation"

Projekte, die durch eine klare Aufgabenverteilung und eine Projektleitung mit ausreichenden Entscheidungs- und Weisungsbefugnissen gekennzeichnet sind, besitzen die besten Voraussetzungen für ein zielorientiertes und konfliktarmes Arbeiten.

5.3. Erfolgsfaktor „Akzeptanzschaffung"

So wichtig die Planung, Kontrolle und Organisation für den Projekterfolg auch sind, sie allein sind kein Erfolgsgarant. Ein häufig unterschätztes Risiko stellt beispielsweise die mangelnde Akzeptanz der Projektarbeit außerhalb der Projektgruppe dar, insbesondere bei Reorganisationsprojekten. Daher sollte die Projektleitung dafür Sorge tragen, das Vertrauen derjenigen Menschen zu gewinnen, die von den Projektergebnissen betroffen sind.

Es gilt, eine Vertrauensbasis aufzubauen und Akzeptanz für die Projektarbeit zu schaffen und zwar nicht nur innerhalb des Projektteams, sondern auch bei den von den Projektergebnissen Betroffenen! Machen Sie die Betroffenen zu Beteiligten, indem Sie diese soweit möglich – an der Lösungserarbeitung beteiligen (z.B. durch Workshops).

5.4 Erfolgsfaktor „Information und Kommunikation"

Die Akzeptanzschaffung für die Projektarbeit kann wesentlich dadurch unterstützt werden, dass Betroffene zu Beteiligten gemacht werden. Von zentraler Bedeutung hierfür ist ein intensiver Informations- und Kommunikationsfluss, welcher unter anderem durch kontinuierliche Rückkopplungsschleifen gekennzeichnet ist. Doch auch innerhalb des Projekts spielt diese Komponente eine wichtige Rolle. Schließlich ist davon auszugehen, dass bis zu 50% der Projektarbeitszeit auf Informations- und Kommunikationsprozesse verwendet werden.

*Ein transparentes Projektgeschehen stellt einen zentra-
len Erfolgsfaktor der Projektarbeit dar. Dennoch ist es
zwingend erforderlich dafür zu sorgen, dass in der
Projektgruppe ein geschützter Raum aufgebaut wird,
innerhalb dessen „laut gedacht" werden darf und
sensible Informationen nicht unautorisiert nach außen
dringen.*

5.5   Erfolgsfaktor „Teamarbeit"

Die bisherigen Erfahrungen mit Teamarbeit zeigen,
dass Teams bei der Bearbeitung komplexer Aufgabenstellungen, welche vielfältige Qualifikationen, Urteils-
kraft und Erfahrungen erfordern, eine höhere Leistung
erbringen als Individuen. Darüber hinaus lässt sich
feststellen, dass Teams flexibler und veränderungsbe-
reiter sind als traditionelle Formen dauerhafter Grup-
pierung. Zudem sind Motivation und Leistungsniveau von Teams vergleichsweise hoch. Folglich kann
Teamarbeit zum Erfolg des Projekts wesentlich beitra-
gen.

*Die Wandlung von einer Projektgruppe zu einem
Projektteam stellt einen wichtigen Erfolgsfaktor dar.
Die dabei entstehenden sozio-emotionalen Bindungen helfen, Stress und negative Erlebnisse, welche
zum Projektalltag gehören, aufzufangen bzw. abzumildern.*

*Jeder Projektleiter besitzt die Möglichkeit, sein Team
zu Höchstleistungen zu motivieren, indem er darauf*

achtet, die Grundvoraussetzungen einer erfolgrei-
chen Teamarbeit zu schaffen:

- *Achten Sie darauf, dass eine gemeinsame Festle-*
  gung eines konkreten Ziels erfolgt, das alle Team-
  mitglieder als solches anerkennen und dessen
  Notwendigkeit sie verstehen.
- *Sorgen Sie dafür, dass innerhalb des Projektteams*
  ein WIR-Gefühl aufgebaut und gefestigt wird.
- *Sehen Sie die Motivation der Teammitglieder als*
  wichtige Aufgabe der Projektleitung. Vergessen
  Sie nicht, dass auch nicht-monetäre Anreize eine
  hohe Motivationswirkung haben können.
- *Lassen Sie in Ihrem Team keine Beeinflussung*
  durch dominante Persönlichkeiten zu! Ermögli-
  chen Sie das Durchdenken und Durchsprechen
  aller möglichen Lösungsvorschläge.
- *Achten Sie darauf, dass Kritik grundsätzlich kon-*
  struktiv formuliert wird.
- *Lassen Sie keine Killerphrasen zu!*
- *Machen Sie Ihre Anerkennung für jedes Teammit-*
  glied deutlich und geben Sie regelmäßig Feedback.

Tipps für einen erfolgreichen Projektverlauf

1. Sorgen Sie für eine positive Grundstimmung innerhalb des Projekts.

2. Beginnen Sie mit Maßnahmen und Schritten, die rasch (kleine) Erfolge zeigen – das fördert die Motivation des Teams und stärkt das Vertrauen der übrigen Unternehmensmitglieder in die Projektarbeit.

3. Wagen Sie – vor allem am Anfang – keine zu großen Schritte, sonst überfordern Sie unter Umständen ihr Projektteam und die übrigen Unternehmensmitglieder.

4. Bauen Sie lieber auf kleinen Schritten auf.

5. Wenn Sie sich für eine Gangrichtung entschieden haben, dann begeben Sie sich zügig auf den Weg.

6. Achten Sie auf eine gute und realistische Planung der einzelnen Schritte.

Weiterführende Literatur

- Antes, Wolfgang: Projektarbeit für Profis. Praxishandbuch für moderne Projektarbeit, Weinheim/München: Juventa, 2004.

- DIN 69900-1, Ausgabe: 1987-08, Projektwirtschaft; Netzplantechnik; Begriffe

- DIN 69900-2, Ausgabe: 1987-08, Projektwirtschaft; Netzplantechnik; Darstellungstechnik

- DIN 69901, Ausg.: 1987-08, Projektwirtschaft; Projektmanagement; Begriffe

- DIN 69902, Ausg.: 1987-08, Projektwirtschaft; Einsatzmittel; Begriffe

- DIN 69903, Ausg.: 1987-08; Projektwirtschaft; Kosten und Leistung, Finanzmittel; Begriffe

- DIN 69904, Ausg.: 2000-11; Projektwirtschaft – Projektmanagementsysteme – Elemente und Strukturen

- DIN 69905, Ausg.: 1997-05; Projektwirtschaft – Projektabwicklung – Begriffe

- Ewert, Wolfgang et al.: Handbuch Projektmanagement Öffentliche Dienste, Bremen 1996.

- ISO 10006: Internationaler Leitfaden für Qualitätsmanagement in Projekten, 2003.

- Litke, Hans-Dieter/ Kunow, Ilonka: Projektmanagement, 5. überarb. Aufl., Planegg: HAUFE, 2006.

- Madauss, Bernd J.: Handbuch Projektmanagement; mit Handlungsanleitungen für Industriebetriebe, Unternehmensberater und Behörden, 6. überarb. und erw. Aufl., Stuttgart: Schäffer-Poeschel, 2000.

Register

Die Autorin

Dr. Yvette E. Hofmann
Expertin für Projektmanagement,
Motivations- und Change
Management

Die beliebte Referentin und Buch-
autorin studierte in München Be-
triebswirtschaftslehre und Psycho-
logie. Sie doziert an mehreren Universitäten und
Business Schools. Neben ihrer wissenschaftlichen
Tätigkeit ist sie seit Jahren als Beraterin, Projektcoach
und Personaltrainerin in die erfolgreiche Umsetzung
von Strukturreformen in (öffentlichen) Unternehmen
eingebunden (z. B. in Kommunalverwaltungen, Hoch-
schulen, Bibliotheken). Ihre Zuhörerschaft überzeugt
sie nicht nur durch ihr fundiertes Fachwissen, sondern
auch durch ihre lebendige und offene Art.

www.coperma.de